农村生活垃圾分类与资源化利用简明读本

住房城乡建设部村镇建设司
中国建筑工业出版社 组织编写

U0299653

中国建筑工业出版社

图书在版编目（CIP）数据

农村生活垃圾分类与资源化利用简明读本 / 住房城乡建设部村镇建设司，
中国建筑工业出版社组织编写 . —北京：中国建筑工业出版社，2018.2
ISBN 978-7-112-21812-7

Ⅰ.①农…　Ⅱ.①住…②中…　Ⅲ.①农村—生活废物—垃圾处理—资源利
用—普及读物　Ⅳ.①X799.3-49

中国版本图书馆CIP数据核字（2018）第024163号

责任编辑：李　杰　石枫华
责任校对：王　烨　党　雷

农村生活垃圾分类与资源化利用简明读本

住房城乡建设部村镇建设司
　　　　　　　　　　　　　　组织编写
中 国 建 筑 工 业 出 版 社
*
中国建筑工业出版社出版、发行（北京海淀三里河路9号）
各地新华书店、建筑书店经销
北京点击世代文化传媒有限公司制版
北京富诚彩色印刷有限公司印刷
*
开本：850×1168毫米　1/32　印张：1½　字数：29千字
2018年9月第一版　2019年6月第三次印刷
定价：**18.00**元
ISBN 978-7-112-21812-7
　　（30827）

主要编写人员

王瑞良　喻　凯　吴东雷　欧阳年春

陈春瑜　林志勇　徐长勇　陈　冰

目　录

一　概述

　　农村生活垃圾指的是农村居民日常消费和生活产生的垃圾，主要包括可卖垃圾、可烂垃圾、煤渣灰土、有害垃圾及其他垃圾，不包括农业生产垃圾和农村工业垃圾。

　　农村生活垃圾产生特点及危害。一是总量大、人均少，全国农村生活垃圾每年产生量约为 1.2 亿吨，平均每人每天产生量 0.5 公斤左右；二是分布较为分散，收集成本和收运距离是城市的几倍以上；三是成分较为复杂，除拥有城市生活垃圾相应成分外，农作物秸秆、化肥农药包装物等农业生产废弃物也常混杂其中。目前，不少农村地区生活垃圾未得到有效收集和处理，严重污染村庄环境、水体和土壤，滋生蚊、蝇、鼠、蟑等，威胁着人民群众的身心健康。

农村生活垃圾污染堵塞河道

农村生活垃圾分类十分必要。农村生活垃圾全收、全运、全处理成本高，据统计，其平均成本在 300 元 / 吨以上，如不进行分类减量，不仅地方财政难以承受，而且大大缩短终端处理设施使用寿命，同时也无法实现资源回收。

农村地区有条件推行分类。一是农村具有广阔的就地处理场地和较高的环境容量；二是消纳途径

农村生活垃圾经治理后的村庄

多，如剩饭剩菜可以喂养家禽或牲口、堆肥产物可以就地还田、煤渣灰土可以用作铺路填坑等；三是农村是"熟人"社会，一般独立居住，便于管理和监督。此外，农村党支部、村民委员会和农民群众联系密切，可以组织推动分类工作。

二 分类指导思想、基本原则、基本方法和处理模式

（一）指导思想

坚持政府、村集体、村民共谋、共建、共管、共享，通过政府引导、村民自主、加大投入、强化管理，形成符合农村实际的生活垃圾分类方法和管理机制，建立分类减量先行的农村生活垃圾治理模式，推动农村生活垃圾实现全面有效治理。

（二）基本原则

1. 因地制宜

推行分类和资源化利用不能简单照搬、照抄其他地方经验，必须和当地农民生活方式、农业生产方式相结合。例如，以传统农业生产为主的村庄，可烂垃圾可以就地消纳；城镇周边非农产业为主的村庄，生活垃圾可纳入城市生活垃圾分类和收集处理系统；取暖或做饭燃煤用量大的村庄，可单独分出煤渣灰土。

2. 去向可确定

分类后垃圾最终去向（处理途径）要明确，以此确定具体分类种类和收运方法。

3. 农民可接受

分类种类以 3～5 类为宜，措施要简单方便，让绝大多数农民易于学习、易于记忆、易于实施。

4. 费用可承受

开展分类和资源化利用所需的收运和处理总费用，要在当地政府和农民群众可承受范围内，长期来看，也不能高于未开展分类时全收、全运、全处理的总成本。

5. 管理可持续

必须坚持不懈做好宣传教育和日常管理，坚决避免"一阵风"。

▶

基于农村日常生活常识，各地可参考农村生活垃圾 5 个基本分类，即可卖垃圾、可烂垃圾、煤渣灰土、有害垃圾及其他垃圾，结合实际确定具体分类及种类。

1. 可卖垃圾

是指在农村具有一定经济价值的垃圾，以当地废品回收系统或人员是否接纳为标准，通常称为"废品"，如废纸、废旧电器、废旧家具、废旧金属、废塑料、废玻璃等。

废玻璃瓶　　　　　　废不锈钢或铝　　　　　　废易拉罐

可卖垃圾的种类

废塑料罐　　　　　　废铜丝　　　　　　废纸板

2. 可烂垃圾

是指可腐烂降解的垃圾，如剩菜剩饭、果皮菜叶、枯枝败叶等。

菜叶　　　　　　　　　　　　　　　　　　　　　　　　果皮

可烂垃圾
的种类

败叶　　　　　　　　　剩菜剩饭　　　　　　　　枯枝

3. 有害垃圾

　　是指农村居民日常生活中产生的、具有较强环境风险的垃圾，主要是过期药品、废弃灯管、废弃电子产品等。

废旧电路板

废弃温度计

废弃灯管

废电池

废弃农药瓶

废旧电瓶

废弃油漆桶

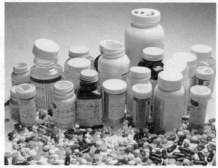

过期药品

4. 煤渣灰土

指农村居民家庭烧煤取暖、做饭产生的煤渣以及清扫室内、庭院、街巷产生的灰土。

庭院灰土

煤渣

5. 其他垃圾

是指不能归入上述分类的垃圾，如纸尿片、厕纸、烟蒂等。注意，一些可卖垃圾如当地废品回收系统或人员不再回收，也可归入其他垃圾。

废旧衣物

碎盘碗

废弃塑料快递袋

烟蒂

一次性餐具

废弃纸尿片

▶ (四)处理模式

1. 户分类 — 保洁员收集再分类 — 乡镇或市县统一转运 — 市县处理

适用范围：多数农村地区，转运距离一般在 30 公里以内，且交通条件较好。

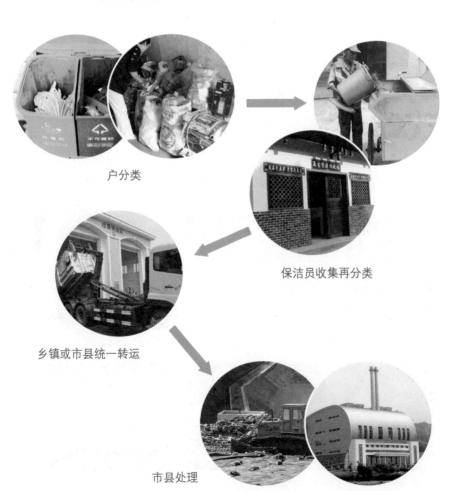

户分类

保洁员收集再分类

乡镇或市县统一转运

市县处理

户分类

2. 户分类 — 保洁员收集再分类 — 乡镇转运并处理

适用范围：距离市县处理设施在30公里以外且乡镇有独立处理设施的村庄。其中，乡镇处理不了的有毒有害等垃圾应集中转运至有条件的处理厂。

保洁员收集再分类

乡镇转运

乡镇处理

3. 户分类 — 保洁员收集再分类 — 村庄处理

　　适用范围：特殊情况且村庄建有独立处理设施，如海岛村庄、离现有城镇处理设施极远的山区或农牧区村庄。其中，乡镇处理不了的有毒有害等垃圾应集中转运至有条件的处理厂。

户分类

保洁员收集再分类

村庄处理

三 分类收集和分类运输

（一）原则

1. 方便

垃圾桶容器个数和距离要合理设置，按分类定个数、按村民习惯定距离。桶的颜色能够明显区分，方便村民识别。

村路边分类垃圾桶

2. 经济

鼓励农户自备收集容器、自主投放。减少垃圾收集点、收集池。有条件实现上门收取的可取消垃圾池；无条件的应优化设计收集点、运输路线和运输频次，尽量减少收运成本。

村民自备收集容器

3. 规范

逐步建立每类垃圾定时、定点的收运体系。

划定的分类投放区域

► **（二）可卖垃圾的收集运输**

1.收集

可在农户家中暂存,不用单设户用收集容器。无需日产日清。

农户家中暂存

2.运输

如有村级资源回收站点,鼓励村民自行送往站点。

村级资源回收站点

支持建立市场化的收运队伍,由废品回收企业或废品收购人员组织收运。

市场化收运

▶ （三）可烂垃圾的收集运输

1. 收集

一些地区可烂垃圾由农户自行处理，如喂养畜禽等，可不用集中收运。

可烂垃圾喂养畜禽

不能自行处理的，可设置户用或多户联用收集容器。

应实现日产日清，避免滋生蚊蝇等。

户收集桶

2. 运输

可烂垃圾可由保洁员上门收运并送至堆肥设施。需选用密闭性能优良的专用车辆收运，不得和其他垃圾再次混杂转运，可使用同一辆车分开若干隔间，分别转运不同的垃圾，但注意沿途不要遗散滴漏。

垃圾分类收集车

▶ **（四）煤渣灰土的收集运输**

1. 收集

农户家中单独收集，可设置户用收集容器。若每户煤渣灰土较少，可以在村中设置若干共用收集桶（使用铁质材料，避免使用塑料桶）。

应实现密闭收集，无需日产日清。

煤渣灰土收集桶

2. 运输

农村居民自行能消纳的，尽量自行消纳。鼓励村庄就地消纳，不能就地消纳的，可由保洁员集中转运至行政村或乡镇指定地点堆放。

▶ **（五）有害垃圾的收集运输**

1. 收集

可在农户家中暂存，在村组中设置若干共用的收集桶容器。

应实现密闭收集，无需日产日清。

有害垃圾收集桶

2. 运输

由保洁员运送至行政村或乡镇指定地点临时贮存，再转运至指定的危险废物处理厂。

▶ ## （六）其他垃圾的收集运输

1. 收集

农户家中单独收集，设置户用收集容器，同时可在村中设置若干共用收集桶。

应实现密闭收集，无需日产日清。

2. 运输

各地根据自身实际情况，就近转运到现有处理设施进行处理。

四 分类处理和资源化利用

（一）原则

1. 技术成熟

必须采用实践证明行之有效的技术。

2. 经济可行

必须在当地政府财力可承受范围内。

3. 环保达标

城镇处理设施处理后的污染物排放浓度应符合现行国家或地方环保标准。

严禁采用下列方式处理农村生活垃圾。

直接倾倒坑塘河道

露天堆放

无防渗设施简易堆填

不带烟气处理的露天焚烧

焖烧炉

垃圾池直接焚烧

垃圾房直接焚烧

（二）可卖垃圾的处理和资源化利用

可卖垃圾主要出路是资源回收再利用，一般运往村外，由当地供销社或资源回收企业负责处理。

（三）可烂垃圾的处理和资源化利用

可烂垃圾尽量不出村处理，就地消纳处理；有条件的地方亦可建设相应的处理设施。主要包括以下几种：

1. 阳光堆肥房

将可烂垃圾放置在密闭阳光房中，利用太阳能采光板辅助加温，垃圾腐熟后形成有机肥，可供土壤改良等。单村堆肥房的建设投资在 10 万元左右。

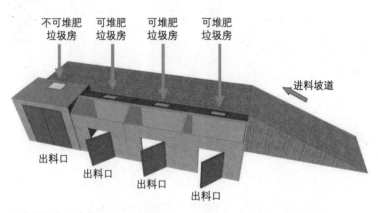

阳光堆肥房示意图

优点和缺点：寿命在 30 年以上，运行不需电力，单人可操作维护；出肥时间较长，需 2 ~ 6 个月，占地面积较大。

适用范围：阳光较为充足的地区，北方地区冬季需要辅助加热。可单村或多村联建，多村联建运行效果更佳。

2.0版　　　3.0版

2. 可烂垃圾集成处理机

将可烂垃圾破碎、压榨后
投入到处理机内，通过加热、
通风和间歇搅拌，可实现快速
成肥，肥料能用作农作物、绿
化的底肥。单村单台成本在
30 万元左右。

可烂垃圾集成处理机

优点和缺点：寿命在 5~8 年，出肥时间在 1 天左右，出
料含水率低，占地面积较小；需电力、定期添加菌种和专人维
护，运行成本较高，机械容易出故障。

适用范围：经济条件较好同时土地资源相对紧张的农村地
区，可单村或多村联合使用。

3. 小型发酵桶

小型发酵桶采用厌氧或者好氧的方式，对可烂垃圾进行降
解，熟化后做可供土壤改良或者农肥使用。户用家庭发酵桶仅

需几百元。

优点和缺点：基本不需要能耗，占地小，管理方便，农户可自行使用，发酵时间长达数月。

适用范围：人数较少的小型自然村使用。

小型发酵桶

4. 沼气池协同处理

将可烂垃圾投入沼气池进行处理，产生的沼气可用作燃料，剩余的沼液和沼渣可灌溉农田或作为土壤改良剂。

优点和缺点：投资小，全程无需电力、管理方便，出肥时间长，发酵时间长达数月。

适用范围：有沼气池的地区，可单户或多户联用。

可烂垃圾投入沼气池

注意：没有熟化的堆肥会对植物种子发芽和幼苗有伤害。可以从外观对堆肥是否成熟进行初步的判断，熟化的堆肥应是深褐色的，肉眼看上去均匀，并发出令人愉快的泥浆气味。

熟化的堆肥

熟化的堆肥促进植物生长

未熟化的堆肥伤害种子和幼苗

未熟化的堆肥

▶ **（四）煤渣灰土的处理和资源化利用**

煤渣灰土尽量不出村处理。方法如下：

1. 分散消纳

日常煤渣和清扫灰土量不大时，可由农户自行在房前屋后的洼地填坑或平整路面。

2. 集中处理

煤渣和清扫灰土量较大、农户自身难以消纳时，宜集中收运后，由乡镇或村委会指定地点堆放，可用于铺路填坑、制砌块砖或生产水泥的辅料。

煤渣灰土制块砖

煤渣灰土用于铺路

▶ **（五）有害垃圾的处理**

1. 有资质企业专门处理

有害垃圾应委托有危险废物处理资质的企业负责处理，这些企业的名录可到当地环境保护管理部门查询。

有害垃圾处理厂

2. 临时性贮存

县域内无专门处理设施时，可由乡镇或村委会按相关要求指定仓库临时密闭贮存。

临时密闭贮存的仓库

（六）其他垃圾的处理

其他垃圾应进行卫生填埋或由规范的焚烧厂集中处理。

垃圾填埋场

垃圾焚烧厂

海岛村庄、离现有城镇处理设施极远的山区或农牧区村庄，可就近填埋处置，填埋场址应远离集中居民区、水源地和耕地等环境敏感地域，同时做好防渗处理，并定期覆土、消毒灭蝇。填埋场严禁露天焚烧垃圾。

五 宣传教育

（一）原则

1. 全部覆盖

宣传教育的对象要尽量覆盖所有居住在农村的群众，让群众成为分类的主力军。

2. 通俗易懂

宣传教育的内容要贴近农村实际，让农民群众很快就理解。

3. 喜闻乐见

宣传教育的形式要活泼生动，多组织开展寓教于乐的活动。

（二）方式方法

1. 入户宣传

宣传册（发放到农户手上，配合干部上门说服效果更佳）

招贴画（在村组显要处招贴，让村民能看得见、记得住）

利用电视、广播、报纸、微信等媒体宣传

农村小戏台（利用农村戏剧等娱乐活动宣传）

2. 会议动员

政府工作推进会

村两委会会议（发挥基层战斗堡垒的组织推动作用）

党员村民代表大会（发挥基层党员模范带头作用）

村民小组户主会议（动员到每户家庭）

3. 教育宣传

村规民约约束（明确村民分类的责任和义务）

保洁员培训教育（经常性组织优秀干部和保洁员传授分类方法）

垃圾分类进课堂（将垃圾分类列入农村中小学实践活动）

垃圾分类宣传墙

六 日常管理

（一）原则

1. 持续

管理**贵在坚持**，建立长效机制，不能半途而废。

2. 有效

管理**重在实效**，要敢于动真格，避免形式主义。

3. 节约

管理**务须节约**，要发挥基层干群的积极性和主动性，让广大乡村干部和农民群众自主监督。

（二）工作方法

1. 分级考核

建立县级政府主管部门、乡镇（街道）、行政村三级督促、指导、检查工作机制，将垃圾分类列入环境整治或新农村建设工作考核及党政领导班子年度考核，对垃圾分类工作情况定期不定期进行明察暗访，表彰先进、督促落后。

县级政府
主管部门

建立对乡镇、村的年度工作考核机制。

乡镇（街道）

（1）县对乡镇、乡镇对村进行定期工作检查，分别公布排名；
（2）全年成绩与垃圾分类减量资金补助直接挂钩、与镇、村主要领导奖金挂钩。

行政村

（1）村两委班子成员划分责任片区。每名党员联系若干农户，层层落实责任，确保分类工作有人抓、有人管；
（2）实行村务公开。在村庄保洁承包、缴费标准、经费使用等各个环节做到公开透明；
（3）聘请村里有威望的老人或党员等担任环境监督员和劝导员。

分级考核工作机制流程图

2. 媒体曝光

县级电视台或报纸、网络等媒体设立专栏，定期曝光不分类、乱分类的典型。

报纸专栏   微信平台监督

3. 联片包户网格化

采取行政村党员、干部或妇女代表分块包干、分段负责、就近包户等方法，每人联系若干农户，负责垃圾分类政策宣传、工作指导、巡查监视和考核评比工作。

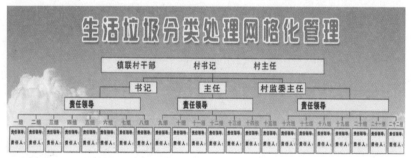

生活垃圾分类处理网格化管理图

4. 垃圾保洁员评优

乡镇（街道）、村定期或不定期对保洁人员的分类工作开展情况进行评比，给予一定的经济激励。

垃圾保洁员评优榜

5. 村级"荣辱榜"

行政村组织村民代表对农户垃圾分类开展评比，设立"荣辱榜"公示栏，接受村民监督，对先进户予以表彰，对落后户予以批评促进。

村级"荣辱榜"公示栏

6. 群众有奖举报

县级主管部门或镇、村设立垃圾分类有奖举报热线、电话或微信平台，接受群众各种方式的举报，如随手拍的现场照片等。

群众举报平台

附　录

金华市农村生活垃圾分类管理条例

（2017年12月28日金华市第七届人民代表大会常务委员会第九次会议通过　2018年3月31日浙江省第十三届人民代表大会常务委员会第二次会议批准）

第一条　为了加强农村生活垃圾分类管理，保护和改善农村环境，推进美丽乡村和生态文明建设，根据《中华人民共和国固体废物污染环境防治法》《浙江省固体废物污染环境防治条例》和其他有关法律法规，结合本市实际，制定本条例。

第二条　本市行政区域内农村生活垃圾的分类投放、收集、运输、处理及其监督管理活动，适用本条例。

本条例所称农村生活垃圾，是指本市实行城市市容和环境卫生管理的区域外的单位和个人，在日常生活中或者在为日常生活提供服务的活动中产生的固体废物，以及法律法规规定视为生活垃圾的固体废物。

第三条　农村生活垃圾分类工作遵循政府主导、属地管理、公众参与、市场运作、社会监督的原则，实行减量化、资源化、无害化。

第四条　市、县（市、区）人民政府及其派出的开发区（园区）管理机构，应当将农村生活垃圾分类工作纳入国民经济与社会发展规划，加强农村生活垃圾处理设施的规划和建设，保障农村生活垃圾分类管理的资金投入。

乡（镇）人民政府、街道办事处负责本辖区内农村生活垃圾分类管理的具体工作，应当明确管理机构或者人员，加强对辖区内村（居）民委员会组织开展生活垃圾分类投放、收集等工作的指导。

第五条　市、县（市、区）农业和农村综合管理部门或者县（市、区）人民政府确定的其他部门，是本行政区域农村生活垃圾分类工作的主管部门，负责组织制定农村生活垃圾分类管理制度，对农村生活垃圾分类工作进行检查指导，综合协调有关部门推进农村生活垃圾分类工作。

农业行政主管部门负责对农村生活垃圾进行肥料化处理的技术指导和对肥料化处理成果使用的协调推广。

综合行政执法部门负责农村生活垃圾分类违法行为的行政处罚工作。

发展和改革、教育、财政、国土资源、环境卫生、城乡规划、商务、环境保护、民政等有关部门按照各自职责分工协同做好农村生活垃圾分类管理的相关工作。

第六条　村（居）民委员会负责组织、指导和督促本村（社区）内的单位和个人依法开展生活垃圾分类投放工作，配合做好本村（社区）内生活垃圾分类收集、运输、处理等相关工作。

村（居）民委员会可以依法组织村（居）民制定村规民约或者居民公约，对农村生活垃圾分类义务和奖惩机制等作出约定。

第七条　单位和个人应当增强环境保护意识，减少生活垃圾产生，依法履行生活垃圾产生者的义务，自觉遵守农村生活垃圾分类管理规定，分类投放生活垃圾，共同保护和改善农村环境。

第八条　农村生活垃圾分类工作主管部门、乡（镇）人民政府、街道办事处应当加强农村生活垃圾分类管理规定和分类常识的宣传、教育和培训，增强村（居）民生活垃圾分类意识，引导村（居）民正确开展生活垃圾分类。

教育行政主管部门应当将生活垃圾分类知识纳入学校（幼儿园）教育内容，组织开展生活垃圾分类实践活动。

工会、共青团、妇女联合会等人民团体应当结合各自工作特点，组织开展农村生活垃圾分类知识宣传教育，推动全社会参与农村生活垃圾分类工作。

报刊、广播、电视等新闻媒体应当开展普及农村生活垃圾分类知识的公益宣传。

第九条　农村生活垃圾分为易腐垃圾（俗称会烂垃圾）、可回收物（俗称好卖垃圾）、有害垃圾和其他垃圾四类。

市农村生活垃圾分类工作主管部门应当按照分类投放的要求，以便于识别的方式，会同有关部门制定并公布农村生活垃圾分类指南。

农村生活垃圾应当分类投放到指定的收集点或者收集容器内，不得随意倾倒、抛撒或者堆放。

第十条　农村（社区）生活垃圾产生者和垃圾分拣员或者收集、运输经营者应当按照以下"二次四分法"的规定分类投放生活垃圾：

（一）生活垃圾产生者应当以是否易腐烂为标准，将生活垃圾初步分为会烂和不会烂两类，分别投放至相应的垃圾收集容器内；

（二）垃圾分拣员或者收集、运输经营者应当对不会烂垃圾，以能否回收和是否有害为标准进行二次分类，细分为可回收物、有害垃圾和其他垃圾，分别投放至规定的收集容器内或者集中存放点。

第十一条 实行农村生活垃圾初步分类投放责任人制度。农村生活垃圾初步分类投放责任人依照下列规定确定：

（一）村（社区）内的办公、生产经营场所生活垃圾的分类投放，单位或者生产经营者为责任人；

（二）村（居）民住宅及其房前屋后生活垃圾的分类投放，房屋所有权人、管理人或者实际使用人为责任人；

（三）村（社区）范围内的道路、公园、公共绿地等公共区域或者公共场所生活垃圾的分类投放，村（居）民委员会或者其委托的管理人为责任人；

（四）村（社区）施工现场生活垃圾的分类投放，施工单位为责任人。

依照前款规定不能确定农村生活垃圾分类投放责任人的，由所在地村（居）民委员会确定责任人。

第十二条 农村生活垃圾初步分类投放责任人应当按照要求摆放、清洁、维护生活垃圾分类收集容器，并依照本条例第十条第一项的规定将生活垃圾分类投放到相应的垃圾收集容器内，保持责任区内环境卫生整洁、有序。

第十三条 村（居）民委员会负责本村（社区）生活垃圾分类投放管理工作，履行下列职责：

（一）按照要求设置生活垃圾分类收集容器；

（二）明确生活垃圾分类收集的时间和地点；

（三）督促生活垃圾分类投放，对不符合分类投放要求的行为进行指导、劝告；

（四）督促垃圾分拣员或者垃圾收集、运输经营者，对本村（社区）不会烂垃圾进行二次分类投放。

第十四条　村（居）民委员会是农村生活垃圾从垃圾收集容器至本村（社区）生活垃圾集中存放点或者资源化处理设施的分类收集、运输责任人，负责本村（社区）生活垃圾分类收集、运输工作。

乡（镇）人民政府、街道办事处是农村生活垃圾从垃圾集中存放点至垃圾处置设施、场所的分类收集、运输责任人，可以通过政府购买服务的方式委托垃圾收集、运输经营者具体实施生活垃圾分类收集、运输工作。

第十五条　村（居）民委员会应当督促垃圾分拣员或者垃圾收集、运输经营者按照合同约定每日到村（居）民住宅、驻村（社区）单位和公共区域等生活垃圾投放点，按照下列要求对单位和个人已初步分类投放的生活垃圾进行分类收集、分类运输：

（一）将会烂垃圾统一收集后，运送至本村（社区）的生活垃圾集中存放点或者资源化处理设施中；

（二）对不会烂垃圾进行二次分类，以可回收物、有害垃圾和其他垃圾进行分类收集后，分类运送至本村（社区）的生活垃圾集中存放点。

第十六条　农村生活垃圾收集、运输、处理经营者，应当执行环卫作业标准，依照本条例的有关规定和双方约定履行工作职责。

农村生活垃圾收集、运输、处理经营者，乡镇（街道）垃圾转运站和村（社区）生活垃圾资源化处理设施运营管理者，应当建立农村生活垃圾管理台账，真实、完整记录生活垃圾来源、种类、数量、去向等情况，并定期向当地县（市、区）农村生活垃圾分类工作主管部门和乡（镇）人民政府（街道办事处）报送相关数据和信息。

第十七条　垃圾收集、运输作业应当遵守下列规定：

（一）禁止将已分类投放的生活垃圾混合收集；禁止将已分类收集的生活垃圾混合运输；

（二）使用密闭、具备分类收贮生活垃圾功能的作业车辆，或者按照分类后不同的生活垃圾类别分别配置相应的作业车辆；

（三）在作业车辆上标示明显的分类标识，并保持作业车辆功能完好、外观整洁；

（四）及时清扫作业场地，保持垃圾收集容器、集中存放点、转运站及周边环境干净整洁；

（五）使用密闭的收集容器、运输工具收集、运输生活垃圾，运输过程中不得沿途丢弃、遗撒生活垃圾以及滴漏污水；

（六）将分类垃圾分别运送至垃圾集中存放点、转运站或者相应的回收网点、处置场所。

第十八条　垃圾分拣员或者收集、运输经营者发现生活垃圾投放不符合初步分类要求的，可以劝导投放人进行分拣；投放人拒绝分拣的，垃圾分拣员或者收集、运输经营者可以拒绝收集、运输，并向所在地村（居）民委员会报告。

垃圾转运站运营管理者、垃圾处置经营者发现垃圾分拣员或者垃圾收集、运输经营者收集、运输的生活垃圾不符合分类要求的，可以要求其进行分拣；垃圾分拣员或者垃圾收集、运输经营者拒绝分拣的，垃圾转运站运营管理者、垃圾处置经营者可以拒绝接收，并向所在地县（市、区）综合行政执法部门报告。

第十九条 易腐垃圾交由生活垃圾资源化处理设施运营管理者进行资源化处理。

可回收物交由再生资源回收经营者或者资源综合利用企业处理。

有害垃圾交由符合国家或者省规定条件的处置经营者进行无害化处理。

其他垃圾交由市、县（市、区）人民政府指定的生活垃圾处置企业采取焚烧、填埋等方式处理。

第二十条 乡（镇）人民政府、街道办事处应当统筹规划并组织建设农村生活垃圾集中存放点、转运站等收集设施和农村生活垃圾资源化处理设施，按需配备农村生活垃圾分类收集容器、分类运输车辆，合理布局生活垃圾分类可利用物回收网点，促进农村生活垃圾减量、资源利用和无害化处理最大化。

农村生活垃圾集中存放点、转运站等收集设施和农村生活垃圾资源化处理设施，由农村生活垃圾分类工作主管部门会同环境卫生等部门进行运营监管。

禁止擅自关闭、闲置或者拆除农村生活垃圾集中存放点、转运站等收集设施和农村生活垃圾资源化处理设施；确有必要关闭、闲置或者拆除的，必须经所在地县（市、区）农村生活垃圾分类工作主管部门商所在地环境保护行政主管部门同意后核准，并采取先行重建或者提供替代设施等措施，防止农村生活垃圾污染环境。

第二十一条　市、县（市、区）人民政府应当建立健全农村生活垃圾分类管理工作综合考核制度，将农村生活垃圾分类管理工作目标完成情况作为对本级人民政府有关职能部门和下级人民政府及其负责人绩效考核的内容。

第二十二条　农村（社区）的生活垃圾分类收集、运输、处理费用通过政府补助、村（居）民委员会筹措等方式筹集。

农村（社区）的生活垃圾分类收集、运输、处理费用，应当专款专用，定期公开收支情况，接受村（居）民和社会监督。

第二十三条　鼓励志愿服务组织和志愿者参与农村生活垃圾分类工作，鼓励社会各界向农村生活垃圾分类事业捐助资金和设施、设备。

鼓励和引导社会资本投资农村生活垃圾回收利用、收集、运输、处置领域。

鼓励和支持农村生活垃圾分类处理的科技创新，促进农村生活垃圾减量化、资源化、无害化处理先进技术的研究开发和转化应用，提高农村生活垃圾的资源化率。

第二十四条　美丽乡村、文明村镇等文明卫生创建活动，应当将农村生活垃圾分类工作情况和成效纳入评选标准。

各级人民政府应当制定相关激励措施，引导、鼓励单位和个人积极有效参与生活垃圾分类工作。

第二十五条　违反本条例第九条第三款、第十条规定，随意倾倒、抛撒、堆放生活垃圾或者未依法将生活垃圾分类投放的，由综合行政执法部门责令停止违法行为，限期改正；逾期未改正的，对单位处五百元以上三千元以下罚款，对个人处二十元以上五十元以下罚款。

第二十六条　农村生活垃圾收集、运输、处理经营者违反本条例规定，有下列行为之一的，由综合行政执法部门责令停止违法行为，限期改正，处以罚款：

（一）违反本条例第十六条第二款规定，未建立农村生活垃圾管理台账，或者已建立农村生活垃圾管理台账，但未真实、完整记录相关信息的；

（二）违反本条例第十七条第一项规定，将已分类投放的生活垃圾进行混合收集或者将已分类收集的生活垃圾进行混合运输的；

（三）违反本条例第十七条第二项规定，未使用密闭、具备分类收贮生活垃圾功能的作业车辆，或者未按照分类后不同的生活垃圾类别分别配置相应的作业车辆从事农村生活垃圾收集、运输的；

（四）违反本条例第十七条第三项规定，未在运输车辆上标示明显的分类标识的；

（五）违反本条例第十七条第四项规定，未及时清扫作业场地，保持垃圾收集容器、集中存放点、转运站及周边环境干净整洁的；

（六）违反本条例第十七条第五项规定，在运输过程中沿途丢弃、遗撒生活垃圾或者滴漏污水的。

有前款第一项、第四项行为之一的，处五百元以上三千元以下罚款；有前款第三项、第五项行为之一的，处一千元以上五千元以下罚款；有前款第二项、第六项行为之一的，处二千元以上一万元以下罚款。

垃圾分拣员有第一款第二项、第五项、第六项行为之一的，由综合行政执法部门责令停止违法行为，限期改正；逾期未改正的，处五十元以上一百元以下罚款。

第二十七条　违反本条例第二十条第三款规定，擅自关闭、闲置、拆除农村生活垃圾集中存放点、转运站等收集设施或者农村生活垃圾资源化处理设施的，由综合行政执法部门责令停止违法行为，限期改正，处一千元以上五千元以下罚款；其中，擅自关闭、闲置、拆除农村生活垃圾资源化处理设施的，处四千元以上二万元以下罚款。

第二十八条　负有农村生活垃圾分类监督管理职责的部门和乡（镇）人民政府、街道办事处及其工作人员违反本条例规定，有下列情形之一的，由有权机关责令改正；依法应当给予处分的，由有权机关对直接负责的主管人员和其他直接责任人员给予处分：

（一）未按照规定统筹规划并组织建设农村生活垃圾收集、处理设施的；

（二）未建立农村生活垃圾分类工作监督检查制度或者不依法履行监督检查职责的；

（三）发现违法行为或者接到对违法行为的举报、报告后不予查处的；

（四）违法实施行政处罚的；

（五）其他不依法履行监督管理职责的行为。

第二十九条　本条例自 2018 年 6 月 5 日起施行。